Collège Expérimental d'Aviculture de Château-Thierry

Château de Blesmes

Cours Complet
par correspondance

Vingt-deuxième Leçon

Collège Expérimental d'Aviculture

de Château-Thierry

Château de Blesmes

Cours Complet

par correspondance

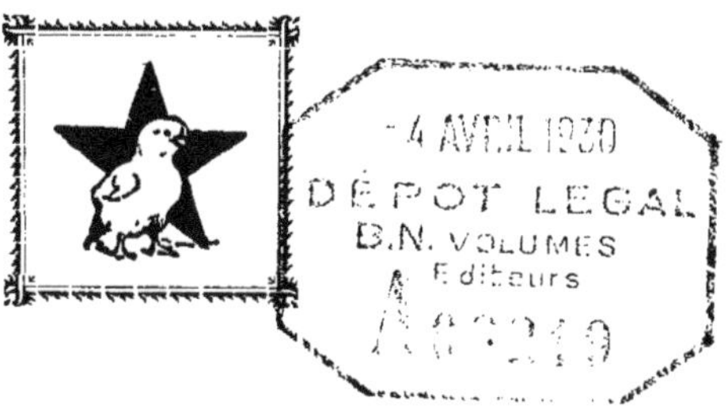

Vingt-deuxième Leçon

L'OIE

NOTIONS GENERALES

PLUS encore que l'industrie du Canard l'industrie de l'Oie est en France à l'état embryonnaire. Peu de progrès ont été réalisés dans cet élevage depuis le temps où les Gaulois menaient de l'autre côté des Alpes des troupeaux d'oies maigres que les Romains engraissaient avec soin.

Certes, la sélection a fait de l'oie une bête plus forte que l'animal primitif, mais peu d'élevages en France ont fait de l'oie leur spécialité, et on peut dire qu'aucun élevage industriel n'en a été entrepris.

Cependant, en raison de l'augmentation énorme du prix de la viande depuis la guerre, il est intéressant de penser qu'aucun oiseau de basse-cour ne peut produire plus abondamment de la chair, et c'est pour cette raison que l'élevage de l'oie offre un intérêt particulier.

L'oie est un animal dont l'entretien est peu coûteux lorsqu'on dispose de pâturages. En effet, après le premier mois de son existence, elle n'exige pour son alimentation qu'une forte quantité de verdure.

Une période d'engraissement de 3 à 4 semaines arrive à faire des sujets dont le poids varie de 8 à 11 kgs, suivant les races. Une

oie grasse vous donne une masse de chair et de graisse totalement
utilisable ; un foie volumineux, une peau que l'industrie utilise,
plusieurs récoltes de plumes et de duvet, et des œufs que la pâtis-
serie accepte volontiers.

Bien que l'élevage de l'oie n'ait fait en France l'objet d'aucune
spécialisation industrielle importante, l'élevage fermier a pris dans
certaines régions un très grand développement : en Alsace, en
Normandie, en Bresse, dans le Bourbonnais, le Poitou, et surtout
dans la région Toulousaine.

Sur 3.800.000 oies élevées en France avant-guerre les dépar-
tements du sud-ouest de la France en élevaient plus d'un million.

Dans la plupart des cas, nos élèves auront intérêt à s'en tenir
à cet élevage fermier, et devront se contenter d'élever quelque
cinquante ou cent oisons. Mais ceux qui posséderont de vastes
espaces mi-incultes où ne paîtront aucun autre animal, pourront
faire, en suivant nos conseils, un élevage d'oies rémunérateur.

GENERALITES SUR L'OIE

L'oie appartient à la classe des palmipèdes, famille des anatidés,
genre des anséridés. Son cou plus long que celui du canard, moins
long que celui du cygne, lui donne un air majestueux. Elle a les
jambes plus hautes que le canard et placées moins en arrière. Sa
marche est plus aisée, son port plus vertical que chez le canard de
Rouen. La conformation de ses pattes diffère de celle du canard.
Ses doigts antérieurs seuls sont munis d'une membrane. Le doigt
extérieur et le pouce sont libres. Le pouce est lisse.

Sa démarche à terre est moins lourde que celle du canard, elle
est capable de plus longues courses. Elle est moins aquatique, en
somme, que le canard.

Elle a le bec plus court, plus mince, mais plus fort, plus haut
que large à la base. Ce bec solide, qui pince fortement ce qu'il happe,
est un bec d'herbivore. L'oie est avant tout un herbivore.

Comme le canard sauvage, l'oie sauvage est un voilier excellent.
Ses ailes sont plus développées que celles du canard et la rendent
capable d'un vol longtemps soutenu. C'est un oiseau migrateur qui,
à l'époque des grands froids, descend du nord vers les pays tempérés. Elles voyagent par bandes nombreuses disposées en triangle.

L'oie, et particulièrement l'oie de Guinée, est une gardienne vigilante — rappelez-vous les oies du Capitole, — qui remplace avantageusement, dans une basse-cour, un chien de service.

Elle avertit par des cris stridents de la présence d'un étranger, et le mâle défend, à l'occasion, l'entrée de son habitation par de violents coups de bec.

La différence des sexes est assez difficile à faire ; le jars et l'oie n'ayant pas de différence de voix comme le canard et la cane. Le jars est généralement plus fort, la tête est plus grosse et d'un aspect plus heurté, le cou est plus long, le cri plus aigu. Le mâle a l'allure fière et batailleuse. Quand on s'approche de lui, il siffle en tendant le cou ; à l'aspect d'un chien, seul le mâle lui tient tête, tandis que les femelles s'enfuient.

Le meilleur moyen de reconnaître le sexe est d'examiner les organes sexuels, apparents chez le jars, lorsqu'on en provoque l'érection par une légère pression ou un léger grattage. Un tire-bouchon sortant de la vulve ne tarde pas à apparaître.

LES RACES D'OIES

Les races d'oies et leurs aptitudes spéciales sont les suivantes :

1° Les races sauvages, souches de nos races domestiques, qui n'intéressent plus que le chasseur. :

Oie cendrée ou première, oie sauvage ou des moissons ;

2° Une race peu sélectionnée, dite oie commune, dont la rusti-cité fait la valeur, car elle la rend propre à des croisements inté-ressants ;

3° Les oies d'ornement, qui sont à la fois de beaux oiseaux et des oiseaux dont la chair n'est pas à dédaigner. Cette catégorie comprend de nombreuses races :

L'oie d'Egypte, l'oie de Guinée, l'oie de Siam, l'oie de Gambie, la Bernache à joues blanches, la Bernache cravant, l'oie rieuse à front blanc, la grande Bernache de Magellan, la Céréopse d'Aus-tralie ;

4° Enfin les races domestiques :

L'oie normande, rustique, à chair délicate ;

L'oie d'Alsace, dont le foie est savoureux ;

L'oie de Toulouse, au foie volumineux, remarquable de taille ;

Les oies blanches du Centre (Bourbonnais, Poitou, Bresse, Touraine), aux multiples aptitudes (chair, plume et peau) ;

L'oie d'Embden, la Toulouse du Nord ;

L'oie du Canada (voir Bernache) ;

L'oie de Romagne, aux œufs abondants ;

L'oie du Danube, au plumage somptueux.

Nous allons passer en revue ces différentes races, en nous arrêtant plus particulièrement sur les races industrielles.

L'oie cendrée (anser cinéreus) ou oie première. — C'est la souche de nos oies domestiques, originaire du nord de l'Europe et de l'Asie ; elle vient l'hiver s'abattre sur nos marais où elle devient pour nos chasseurs un gibier de choix. Son plumage est brun cendré, ombré de gris, sa queue grise avec des rayures sombres. Le ventre est gris clair. Son bec est jaune orange. Son poids varie de 3 à 5 kgs. Elle pond une dizaine d'œufs blancs qu'elle couve 30 à 32 jours. Ses petits naissent bruns avec le ventre blanc. Elle a fourni l'oie commune, l'oie de Toulouse, l'oie du Danube.

L'oie sauvage (anser sylvestris) ou oie des moissons, est un oiseau de plus grand vol que l'oie cendrée. Elle vit en bandes plus considérables. Elle niche dans les régions polaires, d'où elle vient en automne, dévaster nos récoltes. Ses ailes et son bec sont plus longs que ceux de l'oie cendrée. Elle a la queue brune. Ses jeunes naissent avec de petites taches blanches sur le front, la tête et le cou bruns.

Ces deux races peuvent se domestiquer, mais ne sont d'aucun intérêt en captivité.

Une troisième variété, l'oie à bec court, ressemble à l'oie sauvage, son bec plus court porte des taches d'un rouge éclatant. Elle ne descend en France que par les hivers très froids.

Oie du Canada ou oie à cravate. — C'est une oie d'un assez fort volume. On l'appelle aussi oie à collier ou oie Bernache. Elle s'élève bien en captivité, elle est rustique, elle pèse 2 kgs 500 à 3 kgs. Son plumage est brun, et brun et blanc sur le dos. Sa gorge fauve est cravatée d'une bande blanche montant jusqu'aux yeux qui lui a fait donner le nom d'oie à cravate. Elle pond 6 à 8 œufs verdâtres. L'incubation dure 30 jours. Ses petits naissent gris fauve.

Il existe plusieurs variétés de cette race.

C'est un oiseau d'amateur.

L'oie de Guinée ou oie Cygnoïde ou oie Trompette. — Cette oie est à la fois un oiseau de luxe et un oiseau domestique. Nous ne savons pas exactement si elle vient de Guinée ou du nord de la Chine. Elle nous serait venue de cette dernière contrée par la Russie, où elle remplace encore l'oie commune. Les Américains l'estiment beaucoup. Sa plume et son duvet sont très appréciés. Moins forte que la Toulouse et l'Embden, elle dépasse de beaucoup le volume de l'oie commune. Haute sur pattes, de forme élancée, d'allure vive, cette oie est un bel oiseau d'ornement.

OIE DE GUINÉE   (*Vie à la Campagne.*)

Sa tête est fine, son bec rougeâtre est surmonté à la base d'une caroncule presque noire. Son œil est brun rougeâtre, son cou long et souple. Ses ailes sont fortes.

L'ensemble du plumage est brun foncé avec des parties grises sur le dos et sous le ventre. Elle pèse environ 6 livres.

Elle pond de 10 à 15 œufs blancs qu'elle couve 30 jours.

Ses petits sont gris brun avec un duvet jaune sous le ventre. Leur élevage est facile.

C'est une oie rustique, qui s'acclimate partout, même sans eau. En ce cas cependant la fécondation ne peut être assurée.

Cette oie est un véritable chien de garde : au moindre bruit elle pousse des cris discordants qui éveillent tout le monde. Elle est douce et familière.

L'oie de Siam est une oie de Guinée blanche.

L'oie de Gambie a le pli de l'aile armé d'un éperon corné et possède le tubercule rouge du cygne. Son plumage est d'un beau vert foncé.

L'oie d'Egypte ou Bernache armée n'est pas un oiseau de basse-cour, n'étant guère sociable. Son aile est aussi munie d'un éperon court et fort. Elle est brunâtre, marquée de roux et a une calotte blanche. Haut perchée sur de longues pattes, elle est plutôt un oiseau d'ornement, bien que sa chair soit très délicate. Elle ne pèse que 2 à 3 kgs. Son habitation d'origine est la région du Nil. C'est d'ailleurs l'oiseau que nous voyons peint sur les monuments égyptiens. Elle est monogame. Le mâle livre à son rival des combats presque toujours mortels.

Les autres races d'ornement ne peuvent offrir aucun intérêt comme oiseaux domestiques. Les quelques races que nous venons de décrire peuvent être seules utilisées par les amateurs comme races à plusieurs fins.

Les éleveurs ont un plus grand intérêt à choisir entre les races de produits dont quelques-unes sont d'ailleurs aussi de jolis oiseaux capables d'agrémenter une pièce d'eau.

L'OIE COMMUNE

Descendante directe de l'oie cendrée, elle se rencontre dans toute la France où elle paît l'herbe du bord des chemins qui est la plupart du temps sa seule nourriture. Plus grosse que l'oie cendrée, elle conserve son allure vive, dégagée. Elle n'a pas l'abdomen pendant (panouille) de l'oie de Toulouse. Elle est rustique et s'acclimate partout. Ce n'est pas un animal dont on pousse très loin l'engraissement. Son poids ne dépasse presque jamais 4 kilogs. Elle a le plumage blanc ou gris, le ventre est blanc jaunâtre. Le bec est jaune orange clair ainsi que les pattes. Le mâle est presque

toujours blanc surtout lorsqu'il vieillit. La femelle pond de 20 à
30 œufs. Elle couve 30 jours. Les petits naissent jaunes.

L'OIE NORMANDE

Semblable comme aspect à l'oie commune. La femelle est grise.
Le mâle blanc. C'est une oie commune améliorée qui atteint 5 à
6 kgs. Sa chair exquise la faisait avant guerre préférer des gourmets anglais. Le département de la Manche en exportait autrefois
des quantités importantes. Ponte : 30 œufs ; petits jaunes.

L'OIE D'ALSACE

L'oie d'Alsace est une race locale qui n'est pas encore très
fixée, ayant été l'objet de nombreux croisements. Elle est grise,
blanche ou blanche avec des taches grises. Elle atteint 4 à 5 kgs 500.
La première année elle pond peu (6 à 8 œufs) ; la deuxième, elle
pond une vingtaine d'œufs. Les oisons sont jaune verdâtre.

Cette oie fournit outre un duvet recherché, une chair succulente
et un foie incomparable.

Cette race mérite d'être améliorée. On ne peut songer qu'à
une sélection sévère et non à un croisement afin de ne perdre aucune
des qualités de cette excellente race.

OIES D'ALSACE (*Vie à la Campagne.*)

L'OIE DE TOULOUSE

Voici l'oie industrielle, celle sur qui nous devons fixer toute notre attention car c'est l'oie de bon rapport pour quiconque entreprend son élevage.

Grâce à une sélection patiente et intelligente, l'homme a su transformer l'oie sauvage, l'oie première qui pèse 3 à 4 kgs, en un

(*Vie à la Campagne.*)

OIE DE TOULOUSE, TYPE INDUSTRIEL

animal dont le poids peut atteindre 11 kgs, tout en améliorant la qualité de la chair.

Il existe deux grandes variétés d'oie de Toulouse : l'oie à bavette, dite industrielle, l'oie agricole, sans bavette, plus petite, véritable dégénérescence de la première.

Nous ne pouvons mieux faire que de mettre en regard les standarts officiels de ces deux variétés pour vous permettre de les bien distinguer :

Type industriel	Type agricole
Port. — Allure, aspect, volumineux ; Attitude fière ; Démarche assez aisée.	Forte taille, plus svelte et agile.
Taille. — Très grande, 80 cms en moyenne 75 cms pour la femelle ; 85 pour le mâle. Longueur du corps 1 mètre, dont 0,50 pour le tronc.	Plus grande que l'oie commune, 60 à 70 cms.
Conformation. — Trapue, cubiforme, longue de corps, pattes courtes, très écartées.	Moins trapue que l'oie industrielle, c'est l'oie du type relevé, aux formes harmonieuses, sur des pattes sèches et nerveuses.
Silhouette. — Rectiligne, profil céphalique droit.	Elégante, profil céphalique légèrement arqué.
Cou. — Vertical.	Vertical.
Dos. — Plan.	Légèrement incliné de la base du cou à la queue.
Ligne du ventre. — Horizontale, avant et arrière, carrément coupée.	Parrallèle à celle du dos
Tête. — Forte et massive.	Fine, expressive.
Crâne. — Très développé, presque aussi long que large. En anse de panier ; finit en s'arrondissant insensiblement avec le cou en arrière, avec le bec en avant qui emboîte exactement la face. L'arcade sourcilière est bien modelée, les joues sont larges et épaisses sous l'œil, placée haut et bien sorti.	Développement moyen, allant en s'amincissant de la nuque à la base du bec, arcade sourcilière bien régulière.
Bec. — Très fort, bien attaché, de même longueur que l'arrière-tête (de préférence plus long que plus court), très épais à sa base (on aime qu'il y ait parité entre le tour du bec pris à sa naissance et la longueur totale de la tête), allant se rétrécissant régulièrement en tronc de cône.	Les joues sont étroites et arrondies.
De couleur orange sur ses 2/3 postérieurs, virant au rose vers sa pointe, terminé par un onglet blanc rosé très faiblement courbé.	Moyen. bien attaché, légèrement plus court que l'arrière de la tête, de couleur orange pâle, avec angle blanc rosé, légèrement recourbé à son extrêmité
Narines. — Largement ouvertes, profil nasal rigoureusement droit.	Ouvertes, profil nasal, légèrement arqué.
Œil. — Châtain très foncé, avec filet oculaire rouge vif.	Châtain avec filet oculaire de couleur orange clair.

Gorge. — Epaisse avec fanon mandibulaires (bavette) La bavette, bien détachée et pendante, doit être aussi développée que possible, elle s'accentue à mesure que l'oiseau vieillit.	Ronde. sans fanon mandibulaires (bavette).
Cou. — De moyenne longueur, très gros, régulièrement cylindrique. porté verticalement et bien greffé sur le tronc.	Plutôt long chez les mâles. plus court et plus mince chez les femelles ; régulièrement cylindrique porté verticalement. bien greffé sur le tronc.
Poitrine. — Profonde, large, très fortement descendue, très saillante et bien garnie en carene renforcée. Le jabot et la quille très accusés formant un demi-arc régulier, depuis la base du cou, jusqu'à leur point de jonction avec le fanon abdominal (panouille).	Large, ronde, bien garnie, mais peu descendue.
Dos et reins. — Larges dans toute leur étendue, plutôt plans que bombés. presque horizontaux. Reins puissants	Le plus large possible
Ailes. — Bien attachées, très en avant, fortement écartées et larges, très longues. sans toutefois dépasser le bout de la queue, bien portées et parallèles jamais trainantes ni croisées sur le rein.	Bien attachées, longues, mais ne dépassant pas le bout de la queue, portées parallèlement jamais trainantes, ni croisées.
Queue. — Courte, dans le prolongement de la ligne du dos. un peu relevée à son extrémité, disposée en éventail faiblement étalé.	Assez courte, dans le prolongement de la ligne du dos.
Ventre. — Long et large, très descendu, soutenant un épais fanon abdominal — la panouille — qui, chez les adultes. pend jusqu'à terre.	Assez large, prolongeant la poitrine et se terminant par un fanon abdominal aussi développé que possible et régulier.
Fanon. — Thoracique bien attaché, disposé régulièrement en arc de cercle sous le bréchet et dans le plan médian du corps, se raccordant harmonieusement avec le fanon abdominal.	Le plus développé possible.
Panouille. — Aussi développé que possible très régulière, formée de 2 masses latérales égales, qui confondues en arrière, se divisent en avant des pattes pour former un V régulier, dont les branches, très épaisses, débordent également de chaque côté des cuisses.	Moyennes.
Cuisses. — Fortes, saillantes, ornées de deux bouffants de plumes, bien dessinées.	Moyens nerveux, orange.
Torse. — Gros (0,07 de tour), courts (0,11 à 0,12 de long), de couleur rouge mandarine.	Bien proportionné, de même couleur que les tarses.
Patte. — Forte, large, à palmure épaisse. très étendue, de couleur rose vineux les doigts très longs, le médius mesurant 0,12 de long.	Doigts assez longs, le médius mesurant environ 8 cms de longueur. Palmure épaisse, large, de même couleur que les pattes.

On apprécie les oies qui présentent une régularité absolue entre la longueur des doigts, la hauteur du tarse et la distance qui va du coin de l'œil à l'extrémité du bec.

Plumage. — Abondant, fort, serré sur les régions antéro-supérieures du corps, très épais, plus lâche et plus doux dans les parties basses, bouffant aux cuisses et au croupion, un peu chatoyant dans l'ensemble et bien en ordre d'un bout à l'autre.

Couleur. — Brun foncé avec ces marques grises et le ventre blanc. La tête, le cou et la poitrine sont d'un gris uni différemment suivant les régions, gris ardoise sur les parties céphaliques et cervicale supérieure, brun cendré en arrière et sur les faces latérales du cou, cendré très clair virant au gris pur pour finir au gris perle à partir de la gorge, sur le jabot et sur la quille, jusqu'à l'obdomen, complètement blanc. Le dos, les ailes, et les bouffants des cuisses sont gris cendré foncé à plumage maillé, chaque plume brune entourée d'un liseré gris clair large de 1 à 4 millimètres, l'ensemble régulièrement dessiné sous des teintes fondues. Le ventre et le croupion sont d'un blanc immaculé. Quant à la queue, elle est formée de plumes grises bordées de blanc, le blanc s'élargissant au fur et à mesure que l'on va du centre vers les côtés ; elle apparaît blanche avec une bande brune dessinaut un croissant qui la traverse en son milieu à environ 4 centimètres du bout.

Poids. — Aussi fort que possible : un adulte doit peser de 12 à 14 kgr, sa femelle de 9 à 10 kgr, les jeunes atteignent 8 kgr à 8 mois.

Ponte. — 35 à 40 œufs la première année, 40 à 45, la deuxième.

Incubation. — 30 jours, oisons : verts jusqu'à la 3e semaine.

Défauts à éviter. — Tête légère, bec grêle, œil clair, œil creux, cou trop long, trop mince, porté en avant, trop en arrière, ou en col de cygne ; épaules étroites, quille tordue, panouille irrégulière, ailes tombantes ou croisées,

---

Abondant, serré, moins épais sur le croupion et les cuisses que sur le dos et la poitrine.

Gris foncé, tirant sur le brun avec marques plus claires, ventre blanc. La tête, le cou, la poitrine sont d'un gris uniforme, plus ou moins ardoisé, suivant l'âge de la plume et le régime alimentaire.

La teinte gris ardoise se fond peu à peu pour devenir gris perle sur le jabot et la poitrine, et enfin blanche sur l'abdomen. Le dos, les ailes, les cuisses, sont gris cendré foncé, chaque plume brune est entourée d'un liseré beige de 1 à 4 m/m. Le ventre et le croupion sont blanc pur, la queue est formée de plumes gris foncé, bordées de blanc ; fermée, elle apparait blanche ; étalée, un croissant brun se dessine en son milieu, à environ 4 cms de son extrémité.

6 à 7 kgr pour les jars adultes.

5 à 6 kgr pour les femelles.

45 à 50 œufs la première année.

50 à 60 œufs la deuxième année.

Oisons gris verdâtre.

Tête petite, bec mince, œil bleu et enfoncé. Cou trop court, trop épais, porté trop en avant, trop en arrière, ou en col de cygne. Epaule étroite, bréchet dévié. Fanons irréguliers, ailes

queue verticale, trop basse, trop étalée ou serrée « en queue de canard »,
pattes et bec jaunes, manteau brun
noir (charbonnier), trop lavé ou trop
crûment dessiné (meunier ou crayon
né) ; attitude affalée, trop fortement
dressée (renversée) ou basculée (basse
du devant).

Disqualification. — Dos bossu, queue de travers, ailes trainantes ou coupées ; taches de blanc ou de noir dans le plumage gris, tromperie sur le sexe.

Echelles de points. — Plumage : 20 —
Développement : 20 . — Forme, as-
pect général : 10.
Fanon, bavette et panouille : 10.
Poitrine · 5 — Dos et reins : 5. —
Epaules : 5. — Croupion : 5. — Tête :
5. — Cou 5.
Pattes : 5. — Ailes et queue : 5.
Total : 100 points.

tombantes ou croisées, queue
verticale trop basse, trop large,
ou trop étroite. Pattes et bec
jaune clair. Ongles noirs. Manteau trop foncé, trop clair ou de
couleur indécise. Attitude trop
écrasée et trop basse du devant.

Dos bossu. Queue de travers.
Ailes trainantes, tordues ou coupées. Taches de blanc ou de
noir dans le plumage. Tromperie sur les sexes.

Plumage : 20. — Dévelop-
pement : 20. — Forme, aspect
général · 10. — Fanon abdo-
minal : 10. — Poitrine : 5. —
Dos et reins : 5. — Epaules :
5. — Croupion : 5. — Tête :
5. — Cou : 5. — Pattes : 5. —
Ailes et queue : 5
Total : 100 points.

L'oie de Toulouse a donné naissance à des variétés plus particulièrement élevées dans leur pays d'origine :

L'oie de Castres, croisement d'oie de Toulouse et d'oie
blanche (caractérisée par sa huppe grise) ; l'oie de Montauban,
plus lourde que l'oie de Castres ; l'oie du Gers, dont le type agricole
est l'oie de Masseube (excellente pondeuse, 80 à 100 œufs par an)
d'un volume réduit mais excellente pour les rôtis.

L'oie d'Auch d'un poids moyen réunit cette variété à celles de
Fleurance et de Gimont, véritables colosses qui atteignent 13 à
14 kgs.

Le type agricole est d'un élevage plus aisé que le type industriel, sa ponte est plus abondante, elle est plus vive, plus active
au pâturage. Elle convient plus particulièrement à l'élevage familial
et fermier.

Le type industriel très recherché pour ses foies est l'animal que
vous devez élever dans une exploitation spécialisée. Le foie atteint
le poids énorme de 6 à 900 grammes, et parfois dépasse un kilo-
gramme. Cette oie fournit une graisse abondante et d'une grande
qualité.

Ce type peut servir enfin à des croisements améliorateurs, afin
de grossir les races communes.

OIES DE TOULOUSE, TYPE AGRICOLE
(*Vie à la Campagne.*)

OIES BLANCHES DU CENTRE

Nous ne dirons que quelques mots des races blanches que l'on trouve dans le centre de la France, dont les types ne sont pas toujours très déterminés, mais qui cependant offrent un grand intérét comme races locales.

Le numéro spécial de *Vie à la Campagne* (Elevage productif et lucratif des oies et canards) donne sur ces races des détails intéressants dont les élèves tireront grand profit.

L'oie de Touraine est une bonne productrice de chair. Elle pèse de 6 à 7 kilogs, pond environ 30 œufs. Elle est très blanche et cette blancheur donne à sa plume une grande valeur.

L'oie Bourbonnaise est un oiseau robuste, massif, aux pattes fortes et longues. C'est une bonne marcheuse, active à rechercher sa nourriture. Elle pèse de 9 à 10 kgs. Elle produit des foies gros, appréciés. Son duvet et sa plume ont une haute valeur.

L'oie du Poitou a la silhouette d'un cygne, elle en a l'élégance malgré son volume assez fort. Basse sur pattes elle a l'aspect d'un énorme canard de Barbarie blanc. Elle pèse 6 à 7 kgs. Cette oie est une productrice de peaux. Sa peau, en effet, fournie d'un épais duvet, est façonnée et sert à préparer certains articles de mode ou de toilette, comme les houpettes à poudre de riz.

L'oie Bressane, encore mal fixée, pèse de 8 à 9 kgs. Façonnée comme les chapons et poulardes de Bresse, cette oie bien engraissée et maintenue très blanche, est destinée à compléter la renommée de cette région chère au gourmet.

L'OIE D'EMBDEN

L'oie de Toulouse étant assez difficile à acclimater dans le Nord, si vous installez un élevage d'oies dans cette région, vous avez tout intérêt à adopter l'oie d'Embden qui est la Toulouse du Nord. Elle est originaire d'Embden, petite commune de l'Ost Friedland, en Angleterre. Sa silhouette rappelle celle du cygne. C'est un palmipède robuste, lourd, aux pattes courtes. Elle produit une chair abondante, un foie volumineux. Son corps est relevé. Son allure vive.

La tête est forte ; son bec court, haut à la base, est fort. Il est de couleur jaune orange. Son œil bleu est vif. Son cou long, très développé, souple comme le cou du cygne. Son corps très fort forme

OIES D'EMBDEN

(*Vie à la Campagne.*)

une masse carrée. Sa poitrine est large. Le fanon est petit, presque inexistant. Le dos est large ; le ventre long et large. Les panouilles profondes, traînent presque à terre. Les ailes sont fortes, les pattes fortes et jaune orange, mais plus foncé que le bec. Les tarses sont courts. Le plumage très blanc et serré, collé au corps. Le duvet est abondant. Son poids est de 6 à 10 kgs pour le mâle ; 6 kgs 300 pour la femelle. La ponte atteint 50 œufs et est précoce. L'incubation est de 30 jours. Les petits naissent gris.

On peut faire sur l'Embden 3 récoltes de duvet par an. Chaque récolte fournit de 100 à 150 grammes de duvet. Le foie atteint 5 à 800 grammes.

L'Embden est une bête rustique, peu difficile à nourrir, très chercheuse. Pondant d'octobre à avril, elle fait des oisons précoces.

L'OIE DE ROMAGNE

Originaire d'Italie, cette oie blanche est appréciée pour ses qualités de pondeuse ; d'octobre à avril elle pond une centaine d'œufs. Elle pèse environ 9 kgs. C'est, il est vrai, une mauvaise couveuse, mais sa ponte rachète ce défaut, et ce serait une race intéressante pour la production de l'oison de primeur.

L'OIE DU DANUBE OU DE SEBASTOPOL

Cette race est une oie commune blanche sur laquelle s'est produite l'anomalie des plumes retroussées. Elle est originaire du nord de l'Europe. Ses plumes des flancs et du dos sont longues et frisées. Elle est d'une jolie nuance blanc d'argent. Sa taille est de 3 kgs 500. Sa ponte est de 20 œufs. Les petits naissent au bout de 30 jours, recouverts d'un duvet jaune éclatant, très soyeux et ont le bec rosé. Son duvet, de qualité supérieure, classe cette oie dans les oies de races pratiques. Elle exige une pièce d'eau très propre sur laquelle elle est un curieux ornement.

LOGEMENT

Pas plus que le canard, l'oie ne doit cohabiter avec les autres volailles. Cependant elle est encore moins difficile que lui pour le logement.

Pour un petit élevage familial, c'est-à-dire l'entretien d'une

demi-douzaine de reproducteurs, vous pouvez leur affecter un coin
de hangar, de grange, d'écurie inoccupé.

Pour un élevage plus considérable, séparez les troupeaux de
5 oies et un jars, et logez-les dans des hangars de 5 m. de long
sur 1 m. 50 de large. Donnez à ces hangars une hauteur de 1 m. 95
à l'avant et 1 m. 85 à l'arrière. Divisez le hangar en deux parties,
l'une close par une porte grillagée qui servira de dortoir, tandis que
l'autre servira de couvert abrité. Le hangar sera contigü à une cour
de 10 m. sur 6 m. dans laquelle vous ferez faire un bassin de 4 m.
sur 1 m. 50 et profond de 45 centimètres.

Une porte dans le hangar ou dans le parc donnera accès dans
les champs ou les prés.

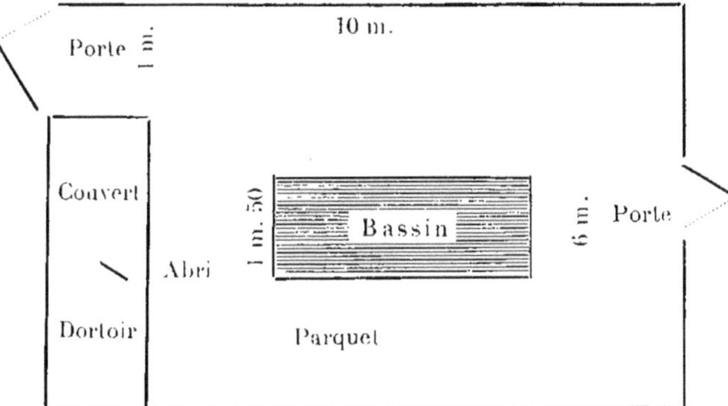

Placez dans le hangar une bonne litière de mauvais foin, de
fougères, de joncs, de paille ou de tourbe. Il faut que cette litière
soit économique et absorbante. Vous la changez tous les 8 jours et
vous la retournez tous les jours. Elle vous fournira un engrais
précieux.

Un ou plusieurs hangars du même modèle, mais plus grands,
vous serviront de logement pour vos oisons.

Ménagez toujours dans un coin du parquet des reproducteurs,
un abri formé de gerbes de paille, ou de branchages, abris préférés
des oies pour y pondre en toute tranquillité.

Vous pouvez recouvrir cet abri rustique d'un chapeau de papier
goudronné ou de tôle pour empêcher l'eau d'y pénétrer.

Vous le garnirez naturellement de paille à l'intérieur.

PONTE ET REPRODUCTION

Choisissez vos reproducteurs en automne. Prenez les plus vigoureux, les plus conformes au standart de la race que vous avez adoptée. L'accouplement est souvent difficile. Donnez 5 femelles à un mâle. Enfermez-les ensemble vers décembre. Ils seront bientôt accoutumés à vivre en famille et ne se quitteront plus. Vous pouvez garder les jars 3 ou 4 ans, si vous ne leur donnez que 4 ou 5 femelles. Un jars de 2 ans est plus vigoureux qu'un jars d'un an.

Dès janvier poussez vos oies à la ponte en leur donnant de l'avoine et du sarrasin. Dès février vos femelles commenceront leur ponte. A cette époque laissez-les sortir plus tard le matin de leur parc, vers 10 heures. Pendant cette période, faites d'ailleurs sortir les familles séparément pour éviter les batailles entre jars, souvent mortelles.

Chaque femelle pond 20 à 40 œufs selon les races, souvent plus la deuxième année.

Ramassez vos œufs dès la ponte, conservez-les comme les œufs de poule, dans du grain ou de la sciure pour éviter l'évaporation des liquides de l'œuf.

Ne gardez pas vos œufs plus de 5 jours pour l'incubation.

CONDUITE DE L'INCUBATION

Il ne peut encore être question d'incubation artificielle pour l'œuf d'oie. Les expériences tentées n'ont pas été, jusqu'à ce jour, très concluantes.

Ne confiez pas non plus vos œufs à l'oie. Vous arrêtez inutilement sa ponte. Une poule est trop petite pour rendre ce service dans une exploitation de quelque importance.

Choisissez donc une bonne dinde. Cet oiseau est une couveuse idéale, toujours prête à couver. Dressez la dinde à couver, comme nous vous le dirons plus loin, lorsque nous parlerons de cet oiseau. Vous pouvez confier à une dinde une douzaine d'œufs d'oie. Traitez votre dinde avec douceur. Placez-la avec précaution sur les œufs. Elle s'habituera très vite, si bien qu'elle ne quittera plus sa besogne même pour manger. Il faudra donc la lever chaque jour pour lui permettre de se nourrir. Un repas par jour de grains et de verdure lui suffira. Donnez un repas abondant et de l'eau à satiété. Profitez de ce repas pour retourner les œufs et laver ceux qui sont souillés.

S'il fait froid, recouvrez les œufs d'une couverture de laine pendant l'absence de la dinde. Mirez deux fois, le 7e et le 15e jour. Arrosez vos œufs d'eau tiède, la dernière semaine (l'incubation dure de 28 à 30 jours). N'hésitez pas à aider l'oison à sortir de sa coquille. Il la brise souvent difficilement. Mais n'opérez qu'avec mille précautions ; évitez de faire saigner l'animal. Dès que l'oison est né, sans attendre plus, retirez-le et faites-le sécher dans une caisse garnie de duvet, placée devant un feu doux. Ne laissez pas les oisons à la dinde qui les écraserait. Maintenez ensuite une température douce dans la pièce où vous élèverez vos oisons. Maintenez cette température une quinzaine de jours. Alimentez comme nous avons dit plus haut. Evitez pour les jeunes oisons les rayons solaires.

ALIMENTATION

Alimentation des jeunes. — 24 heures seulement après leur naissance les oisons doivent recevoir leur première nourriture. Les différentes méthodes pour les alimenter ensuite ne diffèrent pas sensiblement les unes des autres. Il faut surtout préparer aux oisons un bon estomac, leur apprendre à beaucoup manger pour obtenir une croissance rapide.

Voici la méthode employée généralement dans le midi de la France :

De un à trois jours laissez les oisons dans un endroit chaud. Pendant ce temps, donnez-leur en petites quantités à la fois, mais 5 à 6 fois par jour une pâtée composée de la façon suivante :

Battez un jaune d'œuf avec un sixième de litre de lait écrémé, ajoutez-y du pain rassis émietté fin en quantité suffisante pour former une pâtée presque sèche. Les pâtées humides provoquent de la diarrhée chez les oisons.

A partir du 4e jour, ajoutez à cette pâtée une égale quantité d'orties hachées finement, puis remplacez cette pâtée par un mélange de 2 parties de son pour une partie de farine d'avoine ou d'orge, et vous y ajoutez la même quantité d'orties.

Vous pouvez remplacer ces farines par une égale quantité de farine de manioc à laquelle vous ajoutez 1/10 de farine de viande.

Dès la deuxième semaine, si le temps est doux, vos oisons peuvent sortir dans un enclos herbeux où ils commencent à pâturer.

Une méthode d'alimentation plus simple et qui donne de bons résultats est employée aux Etats-Unis (Newman's method).

Les deux ou trois premiers jours les oisons sont placés dans une pièce chauffée, on leur distribue seulement de la mie de pain rassis émiettée et de l'eau comme boisson. Pour le premier repas, on les saupoudre de cette mie de pain. La blancheur de cette mie épandue sur leur duvet attire leur regard et leur curiosité les pousse à saisir ces points blancs qu'ils apprennent vite ainsi à manger.

Dès le 4ᵉ jour par temps doux on les laisse sortir dans un petit enclos où ils commencent à dévorer quelques herbes tendres. Les 4 ou 5 premières semaines, ils ne mangent rien autre que du pain rassis. On ne mouille pas ce pain pendant ces quelques premières semaines, les oisons l'aiment mieux sec, s'ils ont beaucoup de verdure. Après 5 semaines, on leur donne un mélange de 2 parties de son pour une partie de farine de céréales à la place du pain.

La farine de maïs est la meilleure pour les oisons.

L'ortie est un stimulant pour l'estomac.

Il ne faut donner aux oisons aucune nourriture mouillée ou avariée.

Nourrissez toutes les heures au début, toutes les deux heures après trois semaines.

A partir de la cinquième semaine, donnez le soir à vos oisons un léger repas de pain. Ce repas — long à digérer — leur permettra d'attendre patiemment le lendemain.

A partir du deuxième mois, donnez trois repas par jour : pâtée de son, recoupe et farine de maïs le matin, repas de verdure hachée à midi, repas de grain le soir (avoine, maïs concassé). Ne permettez à vos oisons d'aller à l'eau que lorsqu'ils seront emplumés.

Si vos oisons vont régulièrement au pâturage (ce qui est désirable) ne leur donnez qu'un repas, celui du soir.

Alimentation des adultes. — Celle-ci doit être fort simple. L'oie est un omnivore, tous les grains, toutes les farines, tous les légumes cuits ou crus lui sont bons ; mais elle est surtout herbivore et il faut lui fournir de la verdure en abondance.

Pour faire de l'oie un élevage lucratif il vaut donc mieux lui donner la clef des champs. Elle se nourrit à bon compte dans les prés, les chaumes, les terrains vagues.

Ne mettez pas cependant des oies en trop grand nombre dans une prairie, la fiente de l'oie accumulée empêcherait l'herbe de pousser. Donnez à vos élèves un grand parcours. Ne faites pas non plus pâturer vos oies dans une prairie où vous devez mettre d'autres animaux à paître : chevaux ou moutons. Ceux-ci ne veulent pas des herbages souillés par les oies.

Ne donnez à vos adultes qu'un repas par jour, le repas de grains le soir, du printemps à l'automne. L'hiver, donnez le matin un mélange de son, pommes de terre bouillies et navets, et des grains entiers le soir.

ENGRAISSEMENT

Pour engraisser vos oisons, tenez compte des habitudes de votre région. Chaque région a en effet une méthode qui fait une chair de consistance spéciale dont l'aspect décèle l'origine.

C'est vers l'âge de six mois que l'on engraisse le plus facilement les jeunes oies.

Les mâles prennent plus de poids. Les femelles ont une chair plus fine.

Choisissez des bêtes bien en chair. Vous pouvez engraisser vos oies en les tenant en parquets. Pendant 20 jours augmentez les farineux, vous obtiendrez alors des oies demi-grasses qui se vendent facilement. Si vous voulez obtenir de belles pièces, procédez à l'engraissement intensif. C'est aussi la méthode qui donne le plus de profits.

Dans le Midi on engraisse l'oie avec du maïs trempé ou de la farine de maïs. En Bretagne on utilise le sarrasin ; dans le Nord on emploie l'orge ou l'avoine, parfois la pomme de terre.

Si vous êtes dans le Midi et que vous éleviez l'oie de Toulouse, procédez de la façon suivante : Placez vos oies dans des caisses dès que vous les sentez prêtes pour le gavage, c'est-à-dire que par l'alimentation abondante qui les a préparées à cette opération, le jabot est devenu assez élastique pour s'y prêter. Placez ces caisses dans un local demi-obscur. Deux fois par jour à heures fixes à l'aide d'un entonnoir spécial à bout protégé par un bourrelet de plomb pour éviter de blesser la gorge de l'animal, vous procédez au gavage.

Vous saisissez l'oie que vous placez entre vos genoux. Vous lui tenez, d'une main, le bec entr'ouvert en maintenant l'entonnoir entre ses mandibules. Vous chargez l'entonnoir de maïs vieux macéré dans l'eau et de la main restée libre vous poussez ce maïs dans le jabot avec un petit bâton. En moins de 5 minutes l'oie est gavée. Vous donnez pendant le gavage un peu d'eau salée à l'oiseau.

L'entonnoir est remplacé dans les grandes exploitations par la gaveuse à pédales plus rapide et plus facile à manier. Le gavage est une opération délicate. Poussé trop loin, il provoque aisément la mort. Si la température se refroidit brusquement, l'oie résorbe sa graisse, maigrit et souvent meurt avant qu'on ait le temps d'intervenir. Il faut donc une certaine pratique pour ce genre d'engraissement.

Une oie de Toulouse engraissée ainsi peut atteindre dix à douze kilogs et son foie un kilog.

SACRIFICE

Lorsque l'oie ne peut plus se traîner, lorsque le jabot ne se vide plus entre chaque séance de gavage, lorsque la respiration est pénible, l'engraissement est arrivé à son plus haut degré. Le continuer serait dangereux. Il faut sacrifier l'animal.

(*Vie à la Campagne.*)

LE SACRIFICE

Pour sacrifier ce gros oiseau, soyez deux personnes. L'une tient l'aile et la patte droite d'une main, l'aile et la patte gauche de l'autre, et place l'oie ainsi immobilisée sur une table ou une chaise. L'autre personne, avec un couteau effilé, fait une entaille dans la gorge, en arrière des mandibules sur le côté gauche de la tête. Elle tranche ainsi la carotide et le sang s'écoule complètement. L'oiseau meurt rapidement et sa chair reste blanche et facile à conserver.

On plume, aussitôt la mort, en évitant de déchirer la peau.

Il ne faut vider l'oiseau que 24 heures après.

LES UTILISATIONS CULINAIRES

Elles sont multiples car l'oie fournit chair, graisse et foie succulents.

Lorsque l'oie est froide on la vide. On retire le foie dont on enlève le fiel en ayant soin de ne pas l'écraser, puis on sèche le foie dans un linge.

Nous ne pouvons dans ce cours donner les modes de préparation du foie, ni les procédés de conservation de la chair. Un bon livre de cuisine vous dira mieux que nous comment on prépare le confit d'oie, le salé, le pâté de foie gras, les poitrines d'oies fumées, le saucisson d'oie et comment on conservera la graisse, cette graisse fine recherchée des gourmets. Vous consulterez avec fruit les beaux ouvrages de Mme René Raymond :

Les Conserves à la Maison (Hachette et Cie) et les numéros 180 et 192 de *Jardins et Basse-Cour*.

Nous devons nous borner ici à indiquer l'utilisation des sous-produits comme la plume et la peau.

Notons avant de clore cette étude que la ville de Toulouse a utilisé en 1922, 7.318 kilogs de foie gras et 7.747 kilogs en 1923.

En 1922, il y a été consommé 17.070 oies et en 1923 17.042. Les exportations de foies pour cette seule ville sont de : 1.060 kilogs en 1922 et 1.500 kilogs en 1923.

LA PLUME

La production de la plume donne un produit intéressant. L'oie de Toulouse donne, une fois morte, 500 à 550 grammes de plume et de duvet. Vivants les oisons donnent 250 à 300 grammes de plume et duvet. On les plume deux fois au cours de leur existence. Les oies adultes sont plumées généralement trois fois. La plume des oies blanches vaut de 20 à 25 francs le kilog. Celles des grises de 12 à 15 francs. Le duvet blanc vaut de 70 à 75 francs et le gris de 50 à 65 francs (février 1925).

La valeur des grandes plumes, autrefois employées comme plumes à écrire est presque nulle aujourd'hui.

Ne plumez les oies vivantes qu'au moment propice, les deux mues annuelles ayant lieu généralement de juin à juillet et de septembre à octobre. Evitez le froid aux oiseaux déplumés auxquels vous ne devez enlever d'ailleurs que la plume et le duvet du ventre.

N'oubliez pas de faire sécher les plumes dans une pièce chaude et bien aérée pour les conserver. Industriellement on sèche les plumes à une. haute température.

LES PEAUX D'OIES

C'est dans le département de la Vienne que les peaux des oies du Poitou sont mégissées et vendues sous le nom de peaux de cygne. Les oies y sont sacrifiées maigres. La peau, enlevée avec soin, est soumise ensuite à un bain d'alun et de sel (2 d'alun, 1 de sel, 80 d'eau).

Ce bain est maintenu tiède. On y laisse les peaux pendant 12 heures en les malaxant de temps en temps. Puis les peaux sont séchées, nettoyées, battues.

On fait avec ces peaux des houppes à poudre de riz, des bordures de manteaux, etc...

LES MALADIES DES OIES

L'oie est un oiseau robuste, peu sujet aux maladies. Cependant il est bon de prévenir ou de guérir certaines affections dont elle peut être atteinte.

La Diarrhée. — Symptômes : Excréments glaireux, verdâtres. Elle est le résultat d'absorption de pâtées aqueuses ou fermentées.

Soumettez les sujets à la diète pendant une journée. Donnez ensuite des pâtées à base de riz cuit et de farine d'orge. Ajoutez-y du charbon de bois pulvérisé, une cuillerée à café par tête de quinquina gris. Rétablissez un régime plus sec.

La constipation. — Affection plus rare. Changez le régime, trop sec, composé sans doute exclusivement de grains. Donnez beaucoup de verdure. Si la constipation persiste, donnez du sulfate de soude à raison de 2 à 3 grammes par litre d'eau.

Le Coryza, la Bronchite, la Diphtérie ont les mêmes causes et demandent les mêmes soins que chez la poule.

L'obstruction de l'oesophage. — Accident assez fréquent chez les oies. Elle est causée souvent par la présence d'un vers parasite, le Trichosomum contortum, qui irrite la muqueuse et détermine la paralysie de cet organe. Plus souvent l'obstruction est déterminée par l'ingestion trop copieuse d'aliments, surtout d'aliments fermentés. Les malades sont tristes, sans appétit, somnolents ; ils baillent, se couchent et s'isolent. L'oesophage est dur, ballonné. La mort peut survenir par asphyxie. Traitez la maladie comme l'obstruction du jabot chez les gallinacés : massage ou ouverture de l'oesophage. Si à l'autopsie vous constatez la présence de vers parasites dans les appareils digestifs, donnez aux autres oies 50 centigrammes d'essence de térébenthine mélangée avec une cuillère à bouche d'huile de table, matin et soir pendant 3 ou 4 jours.

Septicémie exsudative des oies. — Cette septicémie spéciale aux oies se traduit par de la fièvre, de l'inappétence, de l'essoufflement, une respiration bruyante, de la diarrhée. Les malades succombent vite. Les tissus présentent un épanchement sanguin, des plaques de coagulations fibrino-albumineuses à la surface du foie, du cœur, des poumons.

La maladie est due à une mauvaise alimentation qui favorise l'éclosion d'un bacille : le bactérium septicemiœ anserium. M. G. Moussu recommande l'injection sous-cutanée à 2 % d'eau phéniquée (3 à 4 centim. cubes matin et soir) ou d'huile camphrée au dixième (1/3 ou 1/2 centimètre cube).

Spirochétose ou treponemose des oies. — Les malades perdent l'appétit. La température s'élève à 42 ou 43 degrés. La mort survient après 8 ou 15 jours. L'examen microscopique seul décèle la cause de la mort à l'autopsie. L'affection se transmet par inoculation du sang des malades.

TRAITEMENT : Atoxyl ou novarsenobenzol à la dose de 1 centigr. par kilog de poids vif.

Traitement préventif par désinsectisation (G. Moussu).

Empoisonnement. — Il convient de rappeler ici que le muguet des bois est un poison violent pour les palmipèdes.

Prenez garde où vous jetez vos bouquets fanés. Il n'y a pas de contre-poison assez rapide.

Les oies sont également sujettes à la :

Téniasis ou Helminthiase. — SYMPTOME : Langueur, attitude de pingouin, abolition de la sensibilité. Le sujet tombe, fait des mouvements de nage, et ne peut se relever. Il y a amaigrissement, diarrhée. La mort survient au bout de quelques jours.

TRAITEMENT : 25 centigr. de noix d'arec à 1 gramme selon la taille, et un peu d'aloès, en mélange aux pâtées. Guérison rapide.

Echinorynchose des oies. — SYMPTOME : Anémie progressive, diarrhée, cachexie, mort. Conservation de l'appétit.

Lésions. — Intestin bosselé. Vers ronds de 3 à 25 millimètres de long, implantés dans la paroi intestinale, en très grand nombre, jusqu'à l'obstruction de l'intestin. La larve de ce parasite se développe chez la crevette d'eau douce dont les palmipèdes sont friands.

Le traitement est simple : la poudre de noix d'arec est le curatif le plus efficace. (Mêmes quantités que pour le traitement de l'helminthiase).

Il faut surtout désinfecter souvent les parquets, les retourner à la bêche de temps à autre s'ils sont spacieux ; s'ils sont grands les arroser à l'eau de chaux, au sulfate de fer à 40 pour 1.000.

Distribuez toujours les aliments dans des augettes propres. Additionnez de temps à autre les boissons de 2 à 3 gr. de salicylate de soude par litre ou d'un gramme d'acide salicylique.

Lorsqu'il s'agit de jeunes oisons on peut incorporer aux pâtées des feuilles d'absinthe ou de tanaisie hâchées finement.

Toutes les maladies parasitaires sont dues généralement au mauvais entretien de la basse-cour, aux boissons infectées, aux mares croupissantes. Donnez toujours aux oies et aux canards des bassins faciles à vider et à nettoyer, si vous ne disposez pas d'eau courante.

L'oie est un animal rustique, mais sa résistance aux maladies, son endurance, font que vous vous apercevez toujours trop tard qu'elle est en mauvaise santé. Souvenez-vous toujours qu'il vaut mieux prévenir que guérir et qu'une stricte application des règles de l'hygiène est le meilleur remède préventif.

Les rhumatismes, la goutte, les vers intestinaux, l'ophtalmie, l'empoisonnement, le tournis, l'anémie, se soignent comme chez le canard.

Une maladie plus spéciale aux oies est la *variole.* Elle consiste en de grosses pustules siégeant à la surface de la peau. Ces pustules forment croûtes et laissent sur la peau des taches d'un rouge vif. C'est une maladie très contagieuse pour tous les oiseaux de basse-cour.

Appliquez sur les pustules la pommade suivante :
Cérat : 35 grammes ; Huile : 100 grammes.
Donnez beaucoup de verdure.

Nettoyez et désinfectez souvent les locaux pour éviter la vermine qui envahit les logements malpropres et empêche les oisons de
grossir et les oies d'engraisser.

UN ETABLISSEMENT SPECIALISE
DANS LA PRODUCTION DES OIES GRASSES

La production de l'oie pour la table est une industrie qui peut
laisser des profits intéressants. Il faut comme pour la production
du poulet et du canard, envisager les mêmes facteurs de succès :
le lieu de l'exploitation, la race, la vente.

Il faut situer l'établissement près d'un centre où l'écoulement
est facile, Paris ou Toulouse, par exemple. Dans le Midi, choisissez
l'oie de Toulouse ; dans le Nord, l'oie d'Embden.

Vendez directement au consommateur pour avoir un bénéfice
sérieux.

CREATION DE L'ETABLISSEMENT

Ici nous retrouvons encore les mêmes divisions que pour
l'exploitation du caneton : Les reproducteurs, l'élevage et le renouvellement des reproducteurs.

Les Reproducteurs. — Nous supposons que vous voulez vendre
2.000 oisons gras. Vous devez compter qu'une oie vous donnera
20 oisons et en ce cas il vous faut un troupeau de 100 oies.

Vous disposez vos oies par parquets de 5, vous aurez donc
20 parquets de 5 oies et 1 jars. Prévoyez quelques cases supplémen-
taires pour y loger une réserve de quelques jars.

Dans un enclos de 100 m $\times$ 10 m. faites sur un des grands
côtés situé au sud-est ou au midi un bassin de 100 m. de long,
1 m. 50 de large et 0 m. 45 de profondeur, facile à vider et à
remplir. Sur le côté opposé, un bâtiment, sorte de hangar de 100 m.
de long, 1 m. 50 de large, 1 m. 95 de hauteur à l'avant, 1 m. 85 à
l'arrière. Divisez ce hangar en 20 parties égales par des cloisons
en bois, vous aurez ainsi 20 abris pour vos oies fait comme cel
décrit au chapitre logement.

Divisez de même chaque abri en dortoir et promenoir. Divisez
l'enclos en un nombre égal de parquets par du grillage de 1 m. 25

Un Etablissement Industriel   (*Vie à la Campagne.*)

de hauteur qui séparera ainsi le long bassin en petits bassins pour chaque parquet. A l'arrière du hangar, faites pour chaque compartiment une porte qui servira pour le nettoyage, pour entrer dans le parquet et pour permettre aux oies leur sortie quotidienne. Si vous craignez les batailles lors de cette sortie dans la prairie attenante à vos parquets, divisez cette prairie en vastes parcs dans chacun desquels vous ne lâcherez à la fois que quelques familles. Pour laisser vos oies toujours en parquet, il vous faudrait 100 mètres carrés par tête.

RENOUVELLEMENT DES REPRODUCTEURS

Vous pouvez conserver vos oies 3 ans. Vous devez donc renouveler vos reproducteurs par tiers. Il vous faudra donc élever 33 oies chaque année. Elevez-en cinquante. Choisissez les plus précoces, les plus vigoureuses quand elles auront 5 mois. Ayez pour loger ces oies, un hangar de 50 mètres de long semblable à celui des reproducteurs et divisé en 3 compartiments seulement.

Vous ferez trois groupes de ces oies. Vous leur donnerez le plus de liberté et le plus d'eau possible. Gardez aussi une quinzaine de jars que vous mettrez dans un autre hangar de dimensions proportionnées à leur nombre.

L'Elevage. — De février à avril vous aurez une moyenne de 35 œufs par jour. Ayez donc toujours des dindes prêtes à couver. Pour cela vous devez entretenir un troupeau de cent dindes dont vous ferez l'élevage à part. Nous vous indiquons au chapitre des dindons comment composer et entretenir ce troupeau qui outre cet usage peut vous donner un profit supplémentaire. Il sera certainement possible dans un avenir prochain de se procurer des incubateurs spéciaux pour les œufs d'oies. Mais, en attendant, il est préférable d'avoir recours aux dindes, et l'entretien d'un tel troupeau n'est pas une occupation trop absorbante quand on possède de vastes parcours.

Mettez vos œufs à couver tous les quatre jours à raison de 12 à 15 par dinde.

Ayez un bâtiment chauffé pour recevoir vos oisons à leur naissance. Cette salle d'élevage devra avoir 25 mètres de long sur 5 m. de large. Chauffez-la avec des éleveuses ou une circulation d'eau chaude (chauffage central). Elle sera divisée en 5 compartiments. En mettant à couver 450 œufs par semaine, vous aurez 400 oisons par compartiment, soit en tout 2.000. Après 2 semaines, vous supprimez le chauffage. Vos oisons resteront dans cette salle d'élevage jusqu'à l'âge de 5 à 6 mois ; ils sortiront dans une vaste prairie contiguë à cette salle. Dans cette prairie vous leur aurez préparé un grand bassin auquel ils n'auront accès que lorsqu'ils seront emplumés.

A l'âge de six mois vous les dirigerez successivement vers la salle d'engraissement où selon la demande ils seront gavés et sacrifiés. Faites cette salle selon le modèle employé pour les poulets de table.

Ne négligez aucun profit dans une exploitation de ce genre : plume, duvet, fientes. Préparez vous-mêmes les foies gras si vous n'en avez pas l'écoulement immédiat.

Mais, avant de vous lancer dans une telle entreprise, étudiez-la avec soin, et demandez-nous des renseignements complémentaires.

La grosse difficulté dans cet élevage est l'incubation par les dindes. Aucun établissement industriel de ce genre n'existant en France, nous hésitons à donner des chiffres qui peuvent varier d'ailleurs beaucoup suivant les régions et leurs débouchés. Cependant, nous croyons fermement qu'on peut espérer des bénéfices intéressants d'une telle entreprise dans laquelle les risques son. d'ailleurs très réduits.

LE DINDON

L'élevage du dindon est un élevage très rémunérateur, mais il a été abandonné dans beaucoup de contrées parce qu'il ne réussit pas partout.

Cet oiseau s'acclimate bien dans les climats tempérés et chauds. Il exige cependant un sol très sec ; sablonneux si possible ou calcaire. Il a besoin de grandes étendues. C'est un « fourrageur » qu'on ne peut claustrer sans danger. Il est un indésirable dans la basse-cour, où il règne en tyran, distribuant de-ci de-là des coups de bec, parfois mortels. Si vous avez un grand domaine coupé de taillis, de bosquets, le dindon s'y élèvera à merveille. Sa chair très délicate, vous donnera de fins rôtis.

Dans le Berry, en Sologne, dans les Ardennes, en Vendée, on trouve encore de forts troupeaux de dindonneaux qui se vendent engraissés ou non aux approches de Noël.

En Normandie, où il se trouvait autrefois en grandes bandes, il a été quelque peu délaissé, car les fermiers peu experts dans l'élevage des dindonneaux en perdaient beaucoup pendant la crise du rouge. Nous verrons tout à l'heure qu'on peut passer cette crise avec succès et élever les dindonneaux sans plus de pertes qu'avec les poussins.

LES RACES DE DINDONS

On distingue trois classes principales :

Les Noirs de Sologne ;

Les Blancs ;

Les Bronzés d'Amérique.

Ces derniers sont les plus volumineux et les blancs les plus petits. Les variétés rouges, bleues, ou beiges, sont de la taille des blancs.

Le Noir de Sologne est la variété la plus estimée en France. Le Dindon noir de Normandie et le Dindon de Norfolk n'en sont que des variétés.

Il a la tête forte, large, bien garnie de caroncules, le bec fort, recourbé, les yeux brillants, le cou long, le crin long et bien fourni, la poitrine large, les ailes puissantes, la queue bien fournie, les cuisses épaisses, les tarses longs, les doigts droits et forts.

La tête, d'un rouge vif, se change en blanc bleuté lorsque l'animal fait la roue ou est en colère.

Le bec est noir à la base, de couleur corne au bout, les yeux sont foncés, le plumage est entièrement noir avec des reflets cuivrés.

Le mâle adulte pèse environ 12 kgs ; le jeune mâle de un an 9 à 10 kgs ; les femelles 8 kgs.

Le Dindon bronzé d'Amérique ne diffère pas beaucoup du premier par l'espect général. Il est plus fort ; l'œil est brun noisette. Le plumage offre un ensemble de teintes vraiment agréable à voir.

Du cou au milieu du dos, il est d'un beau bronzé cuivré ; chaque plume se termine par une bande noire étroite qui la traverse.

Du milieu du dos aux plumes de couverture de la queue, chaque plume est noire bordée de bronze cuivré.

La poitrine est couleur bronze cuivré. Le cou et les cuisses portent des plumes noires qui se terminent par une bande cuivrée plus sombre, presque noire, bordée d'un liséré blanc. Les plumes du corps sont noires bordées de bronze. Le dessus des ailes, d'un beau bronze cuivré avec des reflets verts. Les rémiges primaires sont barrées de bandes noires et blanches. Les rémiges secondaires sont noires ou brun foncé, également barrées de blanc et de noir. Les plumes de couverture sont d'un beau vert cuivré et se terminent par une large bande noire formant, lorsque les ailes sont repliées, une large bande d'un bronze foncé. La queue est d'un noir mat ; chaque plume est marquée transversalement par des bandes parallèles de brun, se terminant par une large bande noire bordée d'un large liséré blanc.

Les plumes de couverture sont d'un noir mat avec liséré blanc.

Les cuisses sont épaisses et coloriées, comme la poitrine, d'une teinte moins brillante, les tarses sont roses, couleur chair chez les adultes, noir chez les jeunes. Chez la femelle, le liseré extérieur blanc des plumes est plus fin que chez le mâle.

Un mâle adulte pèse de 16 à 17 kgs ; une femelle de 9 à 10 kgs.

Un mâle d'un an pèse de 11 à 12 kgs.

Une femelle d'un an pèse de 8 à 9 kgs.

Le développement du dindon bronzé est plus lent que celui du noir de Sologne et du blanc. Le mâle est aussi plus méchant que dans les autres races.

Le Dindon Blanc ou Dindon du Nivernais est d'un aspect général semblable au noir de Sologne.

La tête est longue, le bec fort et blanc ou corne claire. L'œil est noir cerclé de rouge. La tête dénudée. Les caroncules moins développées que chez le noir. Elles changent aussi de couleur, variant du blanc au bleu et au rouge. (On appelle caroncules les excroissances de la tête et du bec).

Le cou est moyen, recourbé en arrière légèrement. Le dos est incliné et long, la poitrine est saillante, arrondie et large. Le crin noir de la poitrine ressort étrangement du plumage entièrement blanc. Le tarses sont roses.

Le mâle atteint 10 kgs, la femelle de 5 à 6.

La chair de ce dindon est excellente et dépasse en finesse la chair de toutes les autres races.

La dinde blanche est une très bonne pondeuse et une mère très douce.

Le Dindon Rouge des Ardennes est une race en voie de sélection dont le Club Français des races ardennaises a établi un standart détaillé et qui est bien fixée dans le nord de la France. Il a les mêmes qualités et les mêmes aptitudes que le blanc. Il fournit en outre une sorte de duvet jaune rosé, très apprécié, et appelé « Marabout ».

LE LOGEMENT

Organisation d'une couverie pour les dindes en vue de la production des oiseaux et des dindonneaux (voir chapitre de l'Oie : Etablissement spécialisé dans la production des oies grasses).

La respiration des dindons est très active, leur croissance est très rapide. Il faut donc aux dindons un logement spacieux et un cube d'air important.

Ne logez pas les dindons avec les poules. Leur mauvais caractère ferait souffrir ces dernières. Donnez-leur donc un local indépendant, fait sur le même modèle que celui des poules, mais en tenant compte de leur taille. Donnez donc 1 mètre carré à chaque dindon. Espacez les perchoirs, que vous ferez plus épais (0,10$\times$0,05) de 0 m. 75.

Il faut construire pour les dindons un logement économique.
Supprimez les vitres, car le dindon vit très bien en plein air. Il est
aussi rustique, étant adulte, que fragile étant jeune.

Si vous voulez avoir un troupeau important, par exemple celui
qui est nécessaire à vos incubations d'œufs d'oie, procédez ainsi :

Ayez un vaste enclos, d'un hectare au moins, que vous divisez
en 4 parties égales. Au centre, à cheval sur les 4 parquets, placez
un bâtiment de 30 mètres de long sur 10 mètres de large, fermé de
3 côtés, ouvert vers le sud, le sud-est ou l'est, suivant la région
dans laquelle vous vous trouvez. Vous divisez ce bâtiment en deux
parties :

Dans la première, de dix mètres sur dix mètres, vous y logez
vos reproducteurs ; dans la seconde, de 20 m$\times$10 m., vos sujets
d'élevage.

Dans la partie réservée aux reproducteurs vous placez les
perchoirs démontables à 1 m. du sol dans le fond du bâtiment.
L'hiver, par les plus grands froids, protégez la façade largement
percée de grandes baies grillagées par des châssis de toile, pendant
la nuit. Le sol doit être en terre battue sur laquelle vous mettez une
bonne litière de tourbe ou de paille.

Ménagez des nids obscurs dans cet abri.

Le local d'élevage doit être mieux clos. La façade doit être
faite sur le modèle de celle des poulaillers.

Ce local est divisé en deux parties, l'une à l'usage des couveuses, l'autre à l'usage des dindonneaux. Si vous faites couver des
œufs d'oies, ayez un local spécial pour l'élevage des oisons.

Le local pour les incubations se trouve en arrière du local
d'élevage, dont il est séparé par une demi-cloison mobile de façon
à ce qu'on puisse la retirer pour aérer, nettoyer, désinfecter après
la saison d'incubation. Cela permet aussi d'agrandir la salle d'élevage pour donner aux dindonneaux plus d'espace quand les incubations sont terminées. 70 à 80 dindes peuvent couver à la fois
dans ce local. De la boîte où on la retient captive, elle sort chaque
jour pour prendre ses repas dans le logement même. A tour de rôle
on les conduira tous les deux ou trois jours dans le parquet contigü
à ce local pour qu'elles y prennent un peu d'exercice. Il est facile
d'y surveiller une dizaine de dindes à la fois.

Les nids auront 0,80 de long, 0,60 de profondeur, 0,60 de
hauteur. Ils sont séparés par des cloisons en saillie pour que les

couveuses ne puissent se voir. Ils sont superposés sur deux rangs. Les couveuses jouissent d'un parquet de 40×40 qui est ensuite réuni (la clôture étant mobile) à celui des jeunes lorsque ceux-ci ont besoin d'un plus grand parcours. Les nids sont alors enlevés et avec eux la cloison mobile qui sépare le couvoir du logement des jeunes. Les dindonneaux ont alors un logement spacieux. En deux mois et demi les incubations d'œufs d'oies sont terminées, c'est-à-dire en avril. Vos dindes auront fait chacune deux incubations. Nous verrons tout à l'heure que quelques dindes couveuses suffiront au printemps au renouvellement du troupeau reproducteur.

Inspirez-vous, pour toutes les constructions de nids, mangeoires, abreuvoirs, etc..., du chapitre consacré à des constructions dans l'étude de l'élevage des poules.

Tenez compte naturellement de la grosseur de vos sujets.

Placez, pour l'élevage de vos dindonneaux, dans le hangar d'élevage, des boîtes d'élevage de grandes dimensions (1 mètre×0,60×0,80) avec des petits parquets sablés. Quatre ou cinq boîtes suffisent, car chaque mère peut couver 25 œufs et conduire 40 dindonneaux. Le petit parc sera fait de panneaux mobiles faits de grillage fin de 0,50 de hauteur. 6 à 8 mètres carrés de parc seront nécessaires à 25 dindonneaux. Il suffit d'ailleurs d'en élever 100 à 120 par an pour renouveler vos dindes couveuses. Vous vendrez facilement vos 40 à 50 dindons mâles que vous aurez en trop, et cela paiera l'entretien de vos reproducteurs. Si vous faites seulement l'exploitation du dindon et non celle de l'oie, partez des mêmes principes, faites des logements semblables et proportionnez-en la grandeur à l'importance de l'élevage que vous entreprendrez. Avec les mêmes bâtiments vous pourriez faire 3 à 4.000 dindons par an. Ce serait énorme. Aussi nous vous conseillons de débuter en petit avec dix reproducteurs et d'augmenter peu à peu votre cheptel selon vos résultats.

Il vous faut prévoir pour cet élevage, de même que pour tous les élevages avicoles, des magasins et des salles d'engraissement.

CONDUITE DES REPRODUCTEURS

Quelle que soit la race que vous ayez choisie (en France le « Solognot », Dindon noir de «Sologne », est la meilleure race. La plus prolifique surtout) vous devez provoquer la ponte précoce si vous voulez avoir des dindonneaux de bonne heure. Si vous avez un troupeau de dindes pour les incubations, ne comptez pas sur ce troupeau pour la ponte. En effet, vous aurez forcé ces dindes à couver, en décembre, janvier. Elles feront deux couvées et pondront ensuite très tard, seulement quand elles seront remises de leurs fatigues.

Ayez donc pour votre reproduction un troupeau spécial de reproducteurs de 2 ans, très robustes et vigoureux. La dinde pond vers l'âge de 10 mois. C'est pendant cette première année que vous vous en servez comme couveuse, car les dindonneaux qui en naîtraient manqueraient de vigueur. Elle pond au printemps, à partir de février, ou mars, de 20 à 50 œufs, selon les races. Elle demande à couver en avril. Stimulez donc les reproducteurs, dès janvier, en leur distribuant des graines excitantes : sarrazin, chênevis, avoine, et en forçant la dose d'éléments azotés dans la pâtée habituelle.

Mettez, à la disposition des dindes, des pondoirs obscurs, sous des abris de paille ou de branchages. Le mâle féconde la femelle pour toute la saison de ponte. On peut donc séparer les mâles des femelles, dès que la ponte est commencée, car les mâles cassent souvent les œufs. Un mâle suffit d'ailleurs à 10 femelles, et 10 femelles donnent au moins 150 dindonneaux.

Les œufs conservent leur faculté d'éclosion une vingtaine de jours s'ils sont conservés dans un endroit sec et frais, dans le grain ou la sciure de bois, et retournés chaque jour.

CONDUITE DES DINDES COUVEUSES

Incubation forcée. — Si vous voulez faire couver de très bonne heure des œufs de poules ,de canes, d'oies, par des dindes, il faut procéder ainsi :

Prenez une dinde au caractère très doux (les dindes blanches le sont toujours). Ce doit être une jeune dinde n'ayant pas encore pondu (cela est facile de décembre à février-mars). Séquestrez-la dans un local obscur. Placez-la dans une caisse sur de faux-œufs (œufs de plâtre ou de porcelaine) avec un bon nid de paille menue. Obligez-la à rester accroupie sur ces œufs, en fermant le couvercle de la caisse au-dessus d'elle. Il est inutile et barbare d'arracher les plumes du ventre et de le frotter d'orties. Au bout de quelques jours, deux ou trois généralement, la dinde, que vous levez chaque jour pour la faire manger, ne veut plus quitter son nid ; elle glousse quand vous venez la délivrer. La fièvre d'incubation est commencée.

Remplacez alors les œufs de porcelaine par les œufs que vous
désirez faire incuber. La dinde ne quittera plus son nid que lorsque
vous la lèverez pour lui faire prendre ses repas.

Incubation naturelle. — Vers mars ou avril, les dindes demandent à couver. Essayez d'abord avec de faux-œufs. Si la dinde
s'obstine, confiez-lui 15 à 20 œufs, selon sa taille (25 œufs de poule,
12 œufs d'oie). Son plumage doit couvrir tous les œufs. Levez la
couveuse une fois par jour. Donnez-lui alternativement un repas de
grains ou de pâtée, et comme boisson de l'eau fraîche. Obligez-la
à se détendre dans un enclos herbeux pendant 15 à 20 minutes.
Pendant ce temps, visitez le nid ; nettoyez les œufs salis par ses
déjections avec de l'eau tiède à 35°. Nettoyez aussi le nid s'il est
souillé. Si vous avez plusieurs dindes levées à la fois, veillez à ce
que chacune d'elle retourne sur son nid. Pour cela baguez vos dindes
de bagues de couleurs ou de numéros différents.

Ne faites qu'un mirage pour les œufs de dindes, vers le 6ᵉ jour;
ce mirage est même inutile si vous savez vos œufs bien fécondés.
Généralement, il y a peu d'œufs clairs. Répandez, sous le nid, le 30ᵉ
jour, une peu d'eau tiède, pour favoriser l'éclosion. Si tous les œufs
ne sont pas éclos le 32ᵉ jour, aidez les retardataires en brisant la
coquille avec précaution. Le béchage commence le 28ᵉ ou le 29ᵉ jour.
Laissez la couveuse tranquille. Ne la levez plus. Dès que les dindonneaux sont secs, enlevez-les, sans cela, la mère impatiente, pourrait
les écraser. Mettez vos dindonneaux au chaud, dans une sécheuse
à 25°, ou une caisse munie d'une bouillote.

Quand l'éclosion est terminée vous rendez les petits à la mère.
Si vous avez plusieurs éclosions simultanées, réunissez les petites
couvées (celles où il y aura eu des morts en coquilles, des œufs
clairs).

Une dinde peut conduire 25-30 dindonneaux et plus.

ELEVAGE DES DINDONNEAUX

On peut remplacer la mère par l'éleveuse artificielle quand on
veut faire un élevage important. Vous savez conduire une éleveuse
pour des poussins, agissez de même pour les dindonneaux. Mais
vous vous trouverez mieux de l'élevage naturel pour cet oiseau
délicat, très petit à sa naissance et dont le développement est ensuite
très rapide.

Ayez une boîte d'élevage dans laquelle la mère est tenue

captive, et joue le rôle de l'éleveuse, simple appareil calorifique pour réchauffer les petits quand ils en sentent le besoin. Cette boîte doit être placée dans un local ensoleillé et sec. Un petit parc de 0 m. 50 de hauteur, de 6 à 8 mètres carrés pour 25 dindonneaux est adjacent à la boîte d'élevage dont les barreaux laissent passer les petits et non la mère. Quand les dindonneaux seront plus forts, vous pourrez les laisser conduire par la mère dans un grand parc extérieur aux heures chaudes de la journée s'il y a suffisamment d'ombre.

Evitez aux jeunes sujets le froid, la pluie, la rosée, le soleil, les courants d'air, l'humidité, la vermine. Cette dernière tue plus de dindonneaux que la crise du rouge.

Après 3 mois les dindonneaux sont assez forts pour être habitués à coucher n'importe où.

ALIMENTATION DU PREMIER AGE

Laissez jeûner vos dindonneaux 36 heures après la naissance. Ils ne mangent donc en réalité que le 3ᵉ jour. Pendant les 8 premiers jours, donnez des œufs durs broyés avec du pain rassis finement émietté (2/3 de pain 1/3 d'œufs). Humidifiez cette pâtée avec du lait écrémé. Distribuez cette nourriture 4 fois par jour dans des augettes. Ne donnez que la quantité qui peut être mangée en un quart d'heure. Espacez les repas de 2 heures 1/2 à 3 heures. A partir du 8ᵉ jour, assaisonnez légèrement un des repas avec du poivre rouge. Remplacez le repas du soir par un repas de blé écrasé. Donnez au bout de 15 jours, deux repas de grain concassé finement. Adoptez ensuite le régime suivant que vous continuez jusqu'après la crise du rouge :

6 heures, chénevis ;

9 heures, viande crue finement hachée, ou insectes ;

12 heures, pâtée ainsi composée : 1 partie farine d'avoine, 1 partie oignons crus hachés fin, 1 partie ciboule hachée. Le tout humidifié avec du lait caillé :

15 heures, blé ;

18 heures, sarrasin.

Donnez de l'eau comme boisson, et tous les deux jours un peu de pain humecté de vin. Dès que vous voyez les caroncules rougir, ajoutez dans la pâtée de midi, à raison d'une pincée par tête la poudre suivante : Quinquina gris pulvérisé, 30 gr. ; gingem-

bre, 20 gr. ; anis, 10 gr. ; gentiane, 20 gr. ; sulfate de fer pulvérisé,
10 gr. ; charbon de bois pilé, 10 grammes.

Si vos dindonneaux donnent des signes de faiblesse, augmentez
la dose de viande crue et donnez-leur une cuillerée de café très fort
une fois par jour.

Vous pouvez ajouter à la pâtée du persil, des chardons hâchés
finement, des orties, de la laitue.

Dès que la crise du rouge est passée, vos dindonneaux ont
grand appétit. Donnez-leur alors des aliments plus économiques.
Voici un modèle de pâtée qui vous donnera toute satisfaction :

Betteraves cuites, 4 kgs ; pommes de terre cuites, 4 kgs ;
tourteau d'arachide, 0 kg. 500 ; poudre de viande, 0 kg. 200 ; lait
écrémé, 1 kg. 300. Relation nutritive : 1/3.

Donnez cette pâtée 3 fois par jour. Jetez quelques débris de
viande cuite ou crue de temps à autre à vos oiseaux. Donnez beaucoup de verdure et un grand parcours.

Si vous n'avez pas de betteraves, ni de pommes de terre, vous
pouvez nourrir avec du blé, du grain écrasé. Echaudez le grain pour
le rendre plus digestible. Donnez alors quelques déchets de viande
et du lait écrémé. Vous pouvez d'ailleurs remplacer la betterave par
des pulpes, des marcs, des drèches, des topinambours, des farineux
ou des sons. (Recherchez toujours un aliment de volume économique
car le dindonneau est un gros mangeur). Etablissez toujours une
ration dont la relation nutritive soit de 1/3.

ALIMENTATION DES REPRODUCTEURS

Quand vos dindons ont 5 mois et demi, séparez les reproducteurs des sujets que vous voulez engraisser. Donnez le plus de
parcours possible aux premiers.

En hiver, 2 fois par jour, distribuez un mélange par parties
égales de blé, avoine et maïs. Suppléez à la nourriture animale
manquante en cette saison par du lait écrémé doux ou aigre, des
morceaux de viande (foie de bœuf, poumons, déchets). En été, un
repas de grain, le soir, suffit. Donnez chaque soir de l'avoine échau-
dée et du blé deux fois par semaine. Le reste du temps laissez vos
dindons courir dans les chaumes, les prés, les terres incultes. Si
vous devez les tenir en parquet (ce que l'on doit éviter) donnez-leur
à midi un repas de pâtée humide dont la relation nutritive doit être
de 1/3. Composez cette pâtée le plus économiquement possible de

racines cuites, de tourteaux, de lait écrémé. Donnez beaucoup de
verdure ainsi que du charbon, de la coquille d'huître et du gravier
dans des trémies.

ENGRAISSEMENT

On ne soumet à l'engraissement que les sujets bien développés,
qui seuls peuvent tirer de ce régime le maximum de profits. Séques-
trez vos dindons, dès qu'ils sont bien en chair, dans des parquets
étroits.

Donnez d'abord du blé et de l'avoine. Puis, au bout d'une
semaine, du blé seulement. Continuez à leur donner à midi une
pâtée à relation 1/3, puis substituez peu à peu à cette pâtée, la
pâtée suivante :

Pommes de terre cuites, 5 kgs ; farine de maïs, 2 kgs ; tourteau de coprah, 0 kg 500 (relation 1/7, 8) ; lait écrémé, 1 kg. 500.

Pour substituer cette pâtée à la précédente, mélangez-là à
celle-ci dans des proportions de plus en plus fortes.

Si vous voulez obtenir de belles pièces pesant de 8 à 10 kgs
(dindons de Sologne) et plus (bronzé d'Amérique) soumettez les
dindons au gavage avec des pâtons composés d'un mélange de farine
de maïs et d'orge détrempé dans du lait. Donnez 1/2 verre à
Bordeaux, de lait ou d'eau légèrement salée au dindon 2 heures
avant de le saigner. La durée de l'engraissement est de 6 semaines
à 2 mois, elle se réduit à 3 semaines avec le gavage.

LE SACRIFICE ET LA VENTE

Faites jeûner les dindons 24 heures avant leur mort. Donnez-
leur à boire un demi verre de lait ou d'eau salée deux heures avant.

La mise à mort se fait de deux manières, soit en les saignant
à l'aide d'un canif qui tranche la carotide comme pour les poulets,
soit en les suspendant par les pattes à un nœud coulant et en opérant
sur le cou un mouvement de traction et de torsion qui brise les
vertèbres cervicales. Cette méthode doit être préférée pour la vente
sur le marché anglais.

La bête doit être grasse, blanche. L'os de la poitrine doit être
droit. Brisez le bréchet avec un bâton rond. Les plumes sont bien
enlevées alors que le dindon est encore chaud. Laissez seulement
3 ou 4 plumes courtes au bout des ailes, deux ou trois petites touffes
de duvet sur le dos, dont une sur chaque rein pour empêcher l'écor-

chage pendant le transport. Laissez aussi une touffe de duvet sur le cou pour cacher la tache de dislocation ou la plaie.

Emballez vos volailles dans des caisses à claire-voie.

Faites un lit de paille bien sèche. Mettez 3 dindons à chaque bout de la caisse, les pattes étendues vers le milieu, une feuille de papier sulfurisé sur le tout. Ramenez ensuite la tête sur cette feuille. Mettez dessus une couche de paille et fermez le couvercle. Parez la paille qui sort de la caisse.

Mettez toujours ensemble des animaux de même poids.

Inscrivez le poids sur la caisse.

LES MALADIES DU DINDON

Le dindon n'est fragile que dans son jeune âge. Mais il peut être atteint de toutes les maladies dont souffre la poule. Quelques-unes lui sont plus spéciales. Nous allons les passer succinctement en revue :

Entérite amœbienne des dindonneaux ou crise du rouge. — La crise du rouge des dindonneaux est contrairement à ce qui a été souvent écrit, une véritable maladie appelée aussi amœbiaze ou entérite amœbienne, maladie de la tête noire, typhlo-hépatite des dindonneaux, entérohépathie. Les Anglais l'appellent black-head (tête noire).

C'est une maladie parasitaire qui évolue chez les dindonneaux vers l'âge de 3 mois, mais qui peut les décimer avant cette époque. Elle provoque une mortalité énorme. Comme il y a coïncidence entre l'apparition de cette maladie et l'apparition des caroncules, on l'a dénommée *crise du rouge*.

SYMPTOMES : Tristesse, perte d'appétit, plumes hérissées, sales. Le malade fait le gros dos, enfonce sa tête entre ses ailes. Les caroncules deviennent noirâtres (black-head). Puis la diarrhée apparaît au point d'agglutiner les plumes et d'obstruer l'anus. Le bec semble s'allonger. Le développement de l'oiseau s'arrête. Les malades meurent d'épuisement. La mortalité est de 80 %.

LÉSIONS : Le foie est volumineux, altéré de plaques jaunes ou vertes de dimensions variables. Le cœur est dilaté, rempli de gaz, ses parois sont recouvertes d'une membrane fibreuse.

CAUSES : La maladie est du même ordre que la dysentrie amœbienne de l'espèce humaine. Elle est causée par un parasite : l'amœba meleagridis.

TRAITEMENT : Nous ne recommandons aucun traitement curatif. On préconise l'acide chlorydrique (10 gr. par 250 gr. d'eau de boisson) ; la poudre d'Ipéca, les injections de chlorhydrate d'émétine, l'extrait de cachou.

Prévenez plutôt le mal en soignant vos sujets assez bien pour avoir des sujets forts et dont l'intestin ne puisse abriter le parasite mortel.

Variole des volailles ou épithélioma contagieux. — Le dindon est très sujet à ce mal. Soignez-le comme l'épithélioma des poules.

Maladie pustuleuse des dindons. — Cette maladie, qui est contagieuse, est une éruption pustuleuse des caroncules et de la nuque. Ce n'est pas d'ailleurs l'épithélioma : les pustules atteignant un plus grand diamètre que dans cette maladie. Même sans traitement les pustules se dessèchent et tombent au bout de 4 à 5 jours. Les sujets continuent d'ailleurs à manger, et n'en paraissent pas autrement affectés. Appliquez de la vaseline phéniquée sur les pustules.

Ver Syngame. — Le ver fourchu du dindon est identique à celui du poussin. Pour l'éviter, répandez partout à l'intérieur et aux abords du logement des dindons, une solution d'eau de Javel ou de crésyl à 5 %. Donnez aux sujets atteints, de l'ail écrasé ou de l'assafœtida à la dose de 1 à 2 grammes par jour.

Combattez la diarrhée et la constipation.

Dans le premier cas faites prendre aux malades un peu de vin chaud (1 cuillerée à bouche par jour) dans laquelle vous aurez fait infuser un peu de camomille (5 à 6 fleurs dans un verre à Bordeaux).

Dans le second cas, donnez davantage de verdure et moins de graines échauffantes. Donnez de l'huile d'olive (1 cuillerée à café par jour) aux oiseaux les plus atteints.

Prenez garde aux parasites qui tuent beaucoup les dindonneaux. Faites-leur la chasse, comme nous vous l'avons indiqué aux chapitres du cours consacré aux volailles.

LA PINTADE

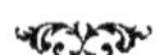

La pintade est un oiseau qui a été importé des côtes de Guinée, au XVIᵉ siècle.

C'est de tous les oiseaux de basse-cour, celui qui a le moins perdu ses instincts de liberté.

Il lui faut comme au dindon un sol sec, du grand air et de l'espace. Il est difficile de lui donner un logement à moins de la claustrer complètement dans une volière couverte. Mais mieux vaut lui donner sa liberté complète.

Sa chair acquiert ainsi une plus grande saveur. Elle est très recherchée sur les marchés, aussi son élevage devrait-il être plus en honneur dans les fermes.

Le coq pintade est doté d'un aussi mauvais caractère que le dindon. Aussi est-il la terreur de la basse-cour. La femelle, bonne pondeuse, établit son nid dans les endroits les plus cachés de la ferme. Ce sont ces raisons qui en font abandonner l'élevage.

Cependant, partout où il y a beaucoup d'espace, élevez cet oiseau, moitié gibier, moitié volaille. Habituez-le par la claustration complète d'abord, à vivre dans un coin écarté de la ferme. Suivez la femelle pour découvrir son nid, et laissez toujours un œuf dans ce nid : elle y reviendra. Elle est une excellente couveuse, mais elle ne couve qu'où elle a pondu. Laissez-lui donc ses œufs ou confiez-les à une poule.

La pintade pond de 100 à 125 œufs tachetés par an ; du poids de 35 à 40 grammes. Elle couve 25 à 28 jours. Donnez un mâle à deux femelles pour être assuré de la fécondation des œufs. La pintade est excellente mère. Les pintadeaux que vous élevez comme les dindonneaux sont comme eux très délicats et subissent la crise du rouge.

On les vend après la fermeture de la chasse vers l'âge de 7 à 8 mois après les avoir engraissés comme les dindonneaux.

Il existe 3 variétés de pintades :

La grise et la lilas qui sont les plus intéressantes, et la blanche. Le mâle a le casque corné plus fort que la femelle, la membrane blanche qui enveloppe la tête descend plus bas.

La peau des paupières est bleue chez le mâle, rouge chez la femelle, les barbillons sont bleuâtres et bridés de rouge chez le mâle, rouges chez la femelle.

Avec un peu d'habitude, on distingue aisément les sexes.

La plume de pintade a une certaine valeur.

Il ne faut pas envisager l'élevage en grand de cet oiseau. Il ne peut être question que de l'élever en amateur ou d'en avoir un troupeau de quelques dizaines de têtes dans une ferme, pour vendre des volailles de qualité pendant une courte saison.

La pintade doit être nourrie comme le dindon. Elle est aussi sujette aux mêmes maladies.

Questionnaire

1. Quelles sont les races d'oies qu'on peut élever industriellement ?
2. Quelle est la qualité principale de l'oie d'Alsace ?
3. Quelle race d'oie choisiriez-vous dans votre contrée pour la production de l'oie grasse ?
4. Quel est le but de la sélection chez l'oie du Poitou ?
5. Comment logeriez-vous un troupeau de 15 oies ?
6. Quelle est la nourriture d'un oison de 18 jours ?
7. Comment procédez-vous au gavage de l'oie ?
8. Comment procéderiez-vous pour faire couver 50 œufs d'oie ?
9. Qu'est-ce que le tournis ? Décrivez la marche de la maladie ? Donnez-en le traitement ?
10. Vous voulez faire 500 oies grasses par an, comment organisez-vous votre Etablissement ?
11. Décrivez le logement d'un troupeau de 10 dindons ?
12. Décrivez la salle d'incubation naturelle pour un troupeau de dix dindes ?
13. Vous voulez avoir 50 oisons par an et 50 dindonneaux, comment organiserez-vous votre élevage ?
14. Quelle formule pensez-vous appliquer à l'alimentation de dindons de 3 mois en la composant avec les aliments dont vous disposez chez vous à bas prix ? Donnez le prix de revient au kilog de votre nourriture et sa relation nutritive ?
15. Qu'est-ce que la maladie du black-head chez les dindons ?
16. De quelles maladies la pintade peut-elle être atteinte ?
17. Quels renseignements complémentaires possédez-vous sur la précédente leçon ? Faites-nous part de vos observations personnelles.

CHATEAU-THIERRY. — IMP. MODERNE